Fatma Megdiche
Choumous Kallel

Avaliação das exigências de avaliação da trombofilia no Sul da Tunísia

Fatma Megdiche
Choumous Kallel

Avaliação das exigências de avaliação da trombofilia no Sul da Tunísia

Perfil da trombofilia em trombose venosa e arterial

ScienciaScripts

Imprint
Any brand names and product names mentioned in this book are subject to trademark, brand or patent protection and are trademarks or registered trademarks of their respective holders. The use of brand names, product names, common names, trade names, product descriptions etc. even without a particular marking in this work is in no way to be construed to mean that such names may be regarded as unrestricted in respect of trademark and brand protection legislation and could thus be used by anyone.

Cover image: www.ingimage.com

This book is a translation from the original published under ISBN 978-3-8416-6068-8.

Publisher:
Sciencia Scripts
is a trademark of
Dodo Books Indian Ocean Ltd. and OmniScriptum S.R.L publishing group

120 High Road, East Finchley, London, N2 9ED, United Kingdom
Str. Armeneasca 28/1, office 1, Chisinau MD-2012, Republic of Moldova, Europe
Printed at: see last page
ISBN: 978-620-5-81321-8

Conteúdos

INTRODUÇÃO 2
LEMBRETE BIBLIOGRÁFICO 3
PACIENTES E MÉTODOS..14
RESULTADOS 19
DISCUSSÃO 37
CONCLUSÃO...48
REFERÊNCIAS BIBLIOGRÁFICAS 50
ANEXOS 56

A trombofilia é uma condição de hipercoagulabilidade constitucional ou adquirida, definida por anomalias biológicas que predispõem a eventos trombóticos. A incidência de trombofilia varia de acordo com a população específica avaliada, contudo, continua a ser uma doença rara na população geral, em comparação com outros factores de risco clássicos para eventos trombóticos [1].

De facto, trata-se de uma alteração de hemostasia de origem multigénica e multifactorial que se caracteriza por uma imensa heterogeneidade da sua expressão clínica.

A indicação para a investigação de marcadores trombofílicos durante um evento trombótico depende do tipo de evento trombótico. De facto, os marcadores trombofílicos são factores de risco bem estabelecidos para a doença tromboembólica venosa (VTE), mas a sua relevância para a ocorrência de trombose arterial (AT) continua a ser controversa [2].

Os testes de trombofilia não devem ser realizados sistematicamente para cada evento trombótico. De facto, várias sociedades científicas detalharam as diferentes indicações que justificam a realização desta avaliação [1].

Assim, no nosso estudo concentrámo-nos em avaliar os pedidos de avaliação de trombofilia analisados no laboratório de hematologia do Hospital Universitário Habib Bourguiba (CHU) em Sfax, em trazer de volta as características epidemiológicas, topográficas e etiológicas dos eventos trombóticos e em detalhar o perfil biológico da trombofilia através da exploração dos diferentes marcadores protrombóticos após a ocorrência de TEV e BP.

1.1.Thrombophilia

1.1.1. Definição

A trombofilia é uma doença de hemostasia que predispõe à trombose. Pode ser de origem constitucional e pode ser devido à perda da função de certos inibidores da coagulação (deficiência de antitrombina (AT), deficiência de proteína C (PC), deficiência de proteína S (PS), resistência à proteína C activa (APCR)), Pode ser devido a um ganho de função ao aumentar a expressão de certos factores pró-coagulantes através de várias mutações, ou pode ser de origem adquirida, que é essencialmente representada pela síndrome antifosfolipídica (APS) [1].

1.1.2. Trombofilia constitucional

1.1.2.1.   Lembrete da fisiologia da coagulação

Em condições fisiológicas existe um equilíbrio entre mecanismos trombóticos e antitrombóticos que impedem a formação de trombos. Este equilíbrio é regido por hemostasia, que consiste em três fases: hemostasia primária, coagulação e fibrinólise **(Figura 1)**.

A coagulação é uma fase fundamental da hemostasia que ocorre em três etapas: iniciação, amplificação e propagação e que resulta na transformação do fibrinogénio numa substância insolúvel, a fibrina, sob a acção da trombina ou do factor IIa. Esta formação de fibrina é o produto de uma longa cascata enzimática envolvendo os vários factores de coagulação.

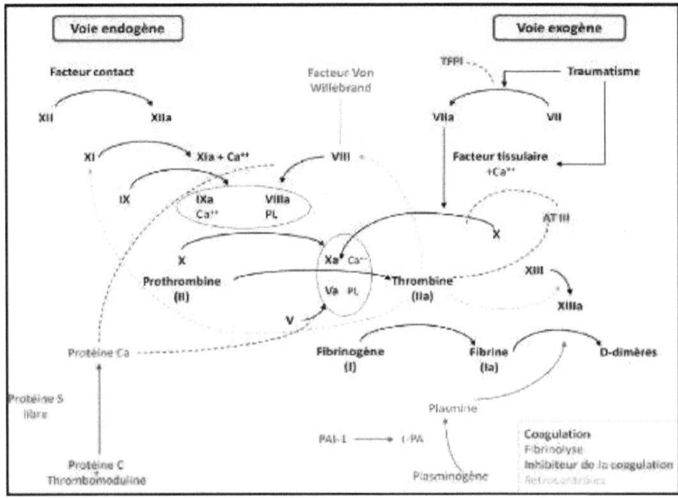

Figura 1: Esquema de hemostasia [3].

Vários sistemas regulamentares estão envolvidos para assegurar que a formação do coágulo seja rápida, localizada e limitada para alcançar a cura sem obstruir a luz vascular, incluindo inibidores de coagulação tais como AT, PC e o seu co-factor PS, o *inibidor da trajectória do factor de tecido* (TFPI) **[4]**.

1.1.2.2. Deficiência hereditária de proteína S

❖ **Apresentação do gene**

O gene *PROS1* que codifica o PS está localizado no cromossoma 3 (3q11.1). O gene *PROS2,* que é um pseudo gene funcionalmente inactivo, é homólogo ao gene *PROS1 e é* herdado de uma forma autossómica dominante.

❖ **A estrutura da proteína S**

A PS é uma glicoproteína dependente de vitamina K.

Contém um domínio de ácido gama-carboxe-glutâmico e um domínio de *factor de crescimento endotelial* (EGF). Há também uma região sensível à trombina e uma região carboxi-terminal altamente homóloga à *proteína de* ligação à hormona sexual (SHBG).

❖ **A activação da proteína S**

O PS está presente em duas formas circulantes no plasma: uma forma fisiologicamente inactiva ligada à *proteína C4* (C4BP) (60%) e uma forma livre fisiologicamente activa (40%) que é responsável pela actividade anticoagulante [5].

O complexo PS-C4BP é formado pela ligação do PS à cadeia в do C4BP, que existe em duas formas: uma forma com a cadeia в (cerca de 10-15%) e uma forma sem esta cadeia.

A dissociação do complexo PS-C4BP dando a forma activa de PS está dependente da concentração de cálcio. Quanto menor for a concentração de cálcio, maior é a dissociação.

❖ **O papel da proteína S na coagulação**

O PS actua como co-factor do PC na inactivação dos factores Va e VIIIa. Inibe a activação da protrombina e a formação do complexo de protrombinase em PL, bem como a activação do factor X.

❖ **Anomalias genómicas do gene da proteína S**

Foram descritas várias mutações no gene *PROS1*. Esta heterogeneidade tornou difícil estabelecer uma ligação causal entre uma mutação bem identificada e manifestações clínicas. A herança deste défice é autossomal dominante.

❖ **Os diferentes tipos de deficiência de proteína S**

Existem três tipos de défices: tipo I e tipo III são défices quantitativos (para o tipo I a taxa total de PS é reduzida, enquanto que para o tipo III esta taxa é normal e a taxa de PS livre é reduzida), enquanto que o tipo II é um défice qualitativo (a actividade de PS é reduzida).

Estes três fenótipos foram descritos com base na proteína total, concentração de antigénio PS, concentração de PS livre e actividade funcional PS.

1.1.2.3. Deficiência de proteína C hereditária

❖ **Apresentação do gene**

O gene CP, *PROC*, tem 11,6 kb de comprimento e está localizado no cromossoma 2q13-14, consistindo de nove exões e oito intrões **[6]**.

A deficiência de PC é herdada de duas maneiras: autossómica dominante dando a forma clássica da deficiência, e autossómica recessiva dando a forma mais severa.

❖ **A estrutura da proteína C**

CP é um zymogen de uma protease serina dependente de vitamina K. A PC é uma glicoproteína sintetizada em hepatócitos e circula no plasma como um complexo heterodimérico constituído por uma cadeia pesada contendo o sítio de clivagem do factor IIa e um sítio catalítico e uma cadeia leve contendo o sítio de ligação do fosfolípido (PL) **[7]**.

❖ **Activação da proteína C**

A activação fisiológica da PC ocorre na superfície das células endoteliais e requer dois receptores de membrana: *"endotelial receptor de proteína c* (EPCR) e trombomodulina. Estes últimos são cofactores necessários para a conversão da CP em CP activa (PCa) mediada pelo factor IIa.

A ligação da trombomodulina ao factor IIa formando um complexo amplifica a activação da CP 3-4 vezes, enquanto que a ligação da EPCR ao zymogen aumenta a taxa de activação da CP 20 vezes **[7]**.

❖ **O papel da proteína C na coagulação**

PCa, na presença do seu cofactor, PS, bem como cálcio e fosfolípidos (PL), inibe a geração do factor IIa, inactivando os factores Va e VIIIa **[6]**.

Em alternativa, a PCa pode funcionar como agente fibrinolítico indirecto. Liga-se e neutraliza o *activador do plasminogénio-1* (PAI-1*)*, aumentando assim a actividade do plasminogénio.

Além disso, devido à geração reduzida de trombina resultante da inactivação dos factores Va e VIIIa, a activação do inibidor de ligação plasminogénio-fibrina *activável* inibidor de *fibrinólise* (TAFI) é reduzida, resultando no aumento da actividade profibrinolítica **[7, 8]**.

Para além da sua função anticoagulante e fibrinolítica, a PCa tem também potentes propriedades citoprotectoras e anti-inflamatórias **(Figura 2)**.

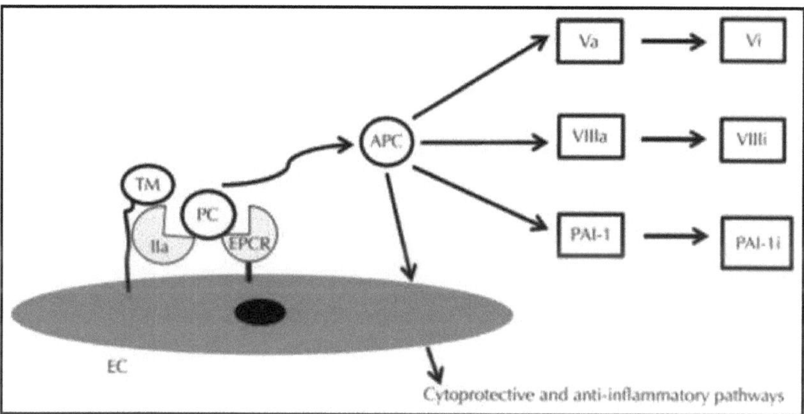

Figura 2: Os papéis biológicos da proteína C activa [7].
❖ **Anomalias genómicas do gene da proteína C**

Foram descritas mais de 160 mutações no *PROC* responsáveis por deficiência de PC[7] No entanto, as mutações subjacentes com códões de paragem prematura também podem ser associadas a pequenas supressões ou inserções de um ou alguns nucleótidos.

O perfil homozigoto da deficiência do PC é raro enquanto que o perfil heterozigoto é um pouco mais frequente.

❖ **Os diferentes tipos de deficiência de proteína C**

Existem dois tipos de défice no PC:

❖ O défice quantitativo tipo I é caracterizado por uma redução simultânea da concentração e da actividade e é o défice mais frequente;

❖ O défice quantitativo de tipo II é caracterizado por uma concentração normal ou elevada com actividade reduzida **[9]**.

1.1.2.4. Deficiência hereditária antitrombina

❖ **Apresentação do gene**

O gene AT, *SERPINC1,* está localizado no cromossoma 1q23-25. Tem sete exões cobrindo 13,4 kb de pares de bases. É herdado num padrão autossómico dominante.

❖ **A estrutura do antitrombina**

AT é uma glicoproteína de cadeia única de 432 aminoácidos com três pontes de bissulfureto e quatro sítios de glicosilação N nas espargatas. A posição 135, que é apenas parcialmente glicosilada, é responsável pelas duas glicoformas de AT encontradas no plasma: a (90% de AT) e в (10%), com quatro e três N-glicanos respectivamente [10]. AT tem dois sítios funcionais principais: um sítio reactivo e um domínio de ligação à heparina.

❖ **Activação de antitrombina**

É uma activação alostérica de AT por derivados de heparina que conduz a uma exposição óptima do seu sítio reactivo

❖ **Papel do antitrombina na coagulação**

AT é um inibidor das proteases serinas (serpinas) que inactiva principalmente os factores activos gerados pela cascata de coagulação (Figura 3), incluindo os factores IIa, Xa e IXa e, em menor grau, os factores XIa e XIIa, bem como a calicreína e o plasmina [11]. Está também envolvido na inactivação da tenase extrínseca (factor de tecido IIa). AT interage com o sítio activo de coagulação das proteases serínicas, formando um complexo com estas últimas.

Na ausência de heparina, a AT inibe a coagulação proteases de forma progressiva. Quando a heparina se liga ao local de ligação da AT, a AT sofre uma alteração conformacional que melhora a sua actividade inibitória em mais de 1000 vezes.

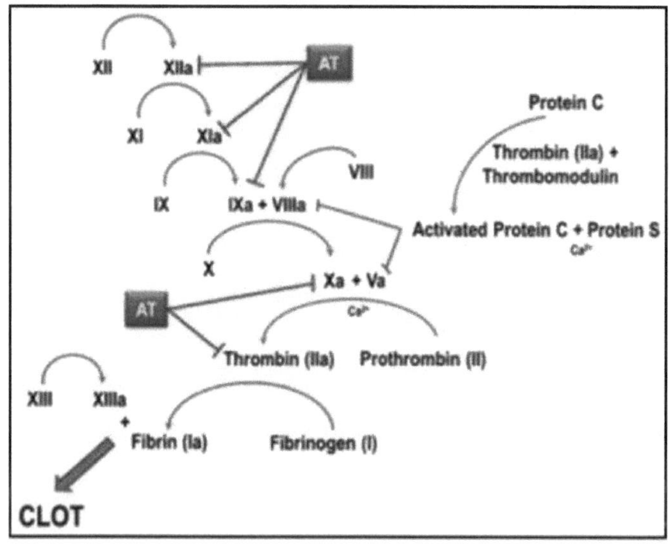

Figure 3: Rôle de l'antithrombine dans la coagulation [11]

❖ **Anomalias genómicas do gene antitrombina**

A nível do retículo endoplasmático 1 AT sofre duas modificações pós-tradução significativas: três pontes intramoleculares de dissulfureto e N-glicosilação. A glicosilação ineficaz na posição 135 é responsável pela presença de duas glicoplasmas: a-AT, com quatro N-glicanos, que é a principal glicoplasma no plasma, e в-AT, com três N-glicanos que tem mais afinidade com a heparina [12]. Três mutações diferentes que afectam a sequência de consenso da glicosilação (N135-K136-S137) têm um efeito directo sobre duas características funcionais da AT: afinidade pela heparina e inibição do factor Xa.

❖ **Impacto na actividade antitrombina**

A activação alostérica da TA provoca o aparecimento de um exosite que está envolvido na inibição dos factores Xa e IXa. A inibição do factor IIa depende essencialmente do efeito matriz da heparina de cadeia longa. Com efeito, ao actuar como matriz, a heparina permite aproximar o factor IIa da TA com uma orientação favorável da TA no sulco catalítico do factor IIa.

❖ **Os diferentes tipos de deficiência de antitrombina**

A deficiência AT é do tipo I ou do tipo II (deficiência qualitativa). A deficiência de tipo I é mais frequentemente causada por mutações de falta de sentido, mudanças de estrutura, supressões, mutações sem sentido e inserções (de menos de 30 pares de bases). Este é o défice mais frequente e caracteriza-se por uma redução na concentração de TA, mantendo a sua actividade. Dependendo da localização das mutações no gene AT, *SERPINC1*, a deficiência de tipo II que resulta numa proteína anormal pode ser subdividida em tipo II- RS *"sítio reactivo"*, tipo II-HBS *"sítio de ligação à heparina"* e tipo II-PE *"efeito pleiotrópico"* [11]. A deficiência de tipo II-RS caracteriza-se por um marcado efeito trombogénico, enquanto que a deficiência de tipo II-HBS tem pouco ou nenhum efeito trombogénico [13].

1.1.2.5. Resistência à proteína C activa e ao polimorfismo do gene G1691A

❖ **Apresentação do gene**

O factor de codificação do gene V está localizado no cromossoma 1q23[14].

❖ **A estrutura do factor V**

O factor V é uma glicoproteína de 330 kDa com regiões homólogas ao factor VIII na sua estrutura [14].

❖ **Activação do Factor V**

A activação do factor V ao factor Va é conseguida por trombina e/ou factor Xa.

❖ **O papel do factor V na coagulação**

O factor Va é um co-factor para o factor Xa. Na presença de PL e cálcio, o complexo factor Va - factor Xa protrombinase leva à geração do factor IIa e à activação da cascata de coagulação [15].

❖ **Anomalias genómicas do gene do factor V Leiden (FVL)**

Esta é uma mutação missense no factor V, a guanina na posição 1691 é substituída por uma adenina, a arginina na posição 506 é substituída por uma glutamina resultando em FVL [16].

❖ **Impacto na actividade do factor V**

Uma vez que a arginina na posição 506 serve de ponto de clivagem para a PCa, esta mutação evita a degradação do factor V, dando origem à RPCa.

Ao permanecer activo durante um período de tempo mais longo, o LVF leva a um aumento da produção de trombina resultando na geração de um excesso de fibrina e, portanto, um risco acrescido de trombose [16].

❖ **Outras mutações de factor V**

FVL é a mutação mais comum dando CPPa, contudo, existem outras mutações tais como a mutação de Cambridge, o haplótipo HR2, a mutação de Hong Kong, e a mutação de Nara [17, 18].

1.1.3. Trombofilia adquirida

1.1.3.1.   Síndrome anti-fosfolipídica

A APL é uma trombofilia auto-imune adquirida caracterizada pela presença de anti-fosfolípidos (APL) e pela ocorrência de eventos trombóticos e/ou complicações obstétricas. Existem dois tipos de APL: APL convencional (lúpus anticoagulante, anticardiolipina e anti-e2-glycoproteinI (02GPI) e APL não convencional (antifosfatidil etanolamina, anti-protrombina e antianexina):

✓ **Lupus anticoagulante (LA),** também conhecido como anticorpos anti-protrombinase, são anticorpos definidos pela sua capacidade de prolongar, in vitro, os testes de coagulação dependentes de PL. Como os eventos clínicos tromboembólicos estão fortemente correlacionados com a presença de LA, este é considerado o factor de risco mais importante (RF) para complicações trombóticas e obstétricas [19]. LA apresenta um grupo heterogéneo de anticorpos que podem ou não depender da presença de cofactores plasmáticos, como o factor II e e2GPI [20]. No entanto, os LA dependentes de e2GPI conferem um risco mais elevado de trombose em comparação com os LA dependentes do factor II [19].

✓ **Anticorpos anti-cardiolipina (aCL)** Dependendo da sua dependência da presença de um cofactor de plasma que é o e2GPI, existem três tipos de aCL:

✓ Os aCLs mais patogénicos encontrados no SAPL reconhecem o domínio 1 do e2GPI;

✓ Os aCLs que reconhecem os outros domínios do e2GPI não são conhecidos pelo seu significado patológico;

✓ As aCLs que reconhecem a cardiolipina independentemente do cofactor e2GPI são conhecidas como verdadeiras aCLs e são encontradas em infecções.

■ **Anticorpos anti-e2GPI:** o e2GPI está organizado em cinco domínios, tem duas conformações diferentes: uma forma circular livre e uma forma aberta ligada aos PL aniónicos através do domínio 5. Na sua forma aberta, expõe os seus epítopos altamente antigénicos do domínio I, permitindo a ligação de anticorpos anti-e2GPI **[21]**.

1.2. Eventos trombóticos

1.2.1. Doença tromboembólica venosa

O VTE é uma doença complexa multifactorial que representa um problema de saúde pública. É uma doença crónica e recorrente **[22]**.

Consiste na obstrução venosa parcial ou total por um trombo endoluminal, que pode estar localizado em toda a árvore venosa, sendo os membros inferiores o local principal **[23]**.

O TEV inclui trombose venosa profunda (TVP), cuja principal complicação é a embolia pulmonar (EP).

Os mecanismos responsáveis pela ocorrência de VTE são descritos pela tríade Virchow, que combina estase sanguínea, lesão da parede endotelial e alteração do equilíbrio hemostático **[24]** .

1.2.2. Trombose arterial

TA é a formação de um coágulo numa artéria que provocará a interrupção do fluxo sanguíneo a jusante.

Pode afectar diferentes territórios, tais como as artérias coronárias que levam ao enfarte do miocárdio (IM) ou as artérias do cérebro que levam ao AVC.

PACIENTES E MÉTODOS
2.1.Pacientes

Este é um estudo retrospectivo realizado durante um período de 5 anos, de Janeiro de 2013 a Dezembro de 2017. O estudo incluiu todos os pacientes, com idades compreendidas entre os 18 e os 60 anos, que beneficiaram de um controlo de trombofilia realizado no laboratório de hematologia da CHU Habib Bourguiba de Sfax. Este estudo incluiu 1180 avaliações de trombofilia.

Excluímos do nosso estudo :

- Avaliações em que a idade do paciente não é especificada.

- Avaliação de doentes cirróticos.

Testes de trombofilia que foram realizados para uma das seguintes indicações: oclusão da retina e tromboflebite superficial.

- Controlos repetidos da ordem de 20 controlos de trombofilia.

2.2.Métodos

2.2.1. Ficha de Informação Clínica (CIS)

Seguindo um formulário normalizado de recolha de dados, recolhemos dados para cada paciente incluído no nosso estudo.

- Dados epidemiológicos: idade, sexo, número de ficheiro, departamento, origem, profissão, e número de telefone

- O principal diagnóstico : DVT, PE ou BP

- Factores de risco :   sedentarinas/imobilização, dislipoproteinemia, diabetes, hipertensão, tabagismo, gravidez, uso de estrogénio/progestina, doença venosa, insuficiência renal (RI) e cirrose.

- Antecedentes patológicos pessoais (ATCD)

- A topografia do VTE: TVT do IM, TVT do membro superior (DVT-MS), trombose da veia porta (DVT), da veia supra-hepática (TV-SH), da veia mesentérica (MVM), da veia renal (TVR), da veia cerebral (TVC).

Topografia da BP: MI e AVC.

- História pessoal de trombose: número de episódios de trombose, idade do primeiro episódio.

- História familiar de trombose.

- Tratamento anticoagulante no momento da amostragem: Heparina, anti vitamina K (AVK).

- Dados biológicos: tempo de protrombina (PT), tempo de tromboplastina parcial activa (aPTT), fibrinogénio, PS, PC, AT, RPCa, FVL e anticoagulante circulante (CA) tipo lúpus anticoagulante (LA)

2.2.2. Amostra biológica

A amostra de sangue foi colhida em tubos contendo 0,109M de citrato tri-sódico com uma proporção de 1 volume de solução de citrato para 9 volumes de sangue. O plasma obtido após centrifugação dupla destes tubos a 3500g durante 15 minutos será congelado.

Durante o ensaio, o plasma é descongelado e aquecido a 37°C num banho de água durante pelo menos 15 minutos, depois homogeneizado, virando os tubos algumas vezes.

As determinações foram realizadas no STA Compact®.

2.2.3. Determinação de diferentes inibidores de coagulação fisiológica

2.2.3.1.   Ensaio de Proteína S

A determinação de PS foi realizada com o kit STAGO STACLOT® protein S. Trata-se de uma determinação da actividade de PS baseada no tempo.

Como co-factor do PCa, PS acelera a taxa de inactivação dos factores VIIIa e Va, o princípio deste teste baseia-se na medição do tempo de coagulação de um sistema de factor Va-enriquecido.

O nível de PS funcional no plasma situa-se entre 55 e 140%.

2.2.3.2.   Ensaio de Proteína C

O kit STAGO STACLOT® Protein C é utilizado para a determinação da PC. É uma determinação controlada no tempo da PC funcional por extensão de tempo e activador de cefalina.

O princípio deste teste baseia-se, em primeiro lugar, na activação do PC para

PCa por um extracto de veneno de cobra *(Agkistrodon c.controtrix)*, Protac. Depois, numa segunda etapa, na medição do prolongamento do TCA ligado à degradação dos factores Villa e Va por PCa. O PC a ser medido é fornecido pelo plasma do paciente, enquanto todos os outros factores são fornecidos em excesso pelo reagente.

O nível plasmático do PC funcional situa-se entre 70 e 130%.

### 2.2.3.3.	Ensaio antitrombina

A determinação da AT é realizada com o reagente antitrombina III STAGO STACHROM®. É um ensaio quantitativo colorimétrico pelo método amidolítico sobre um substrato cromogénico sintético.

O princípio deste teste é baseado na proporcionalidade entre a quantidade de trombina neutralizada e a quantidade de TA presente no meio. Para este efeito, o plasma é incubado na presença de heparina e de uma quantidade fixa e excessiva de trombina, depois a TA residual é medida pela sua actividade amidolítica no substrato cromogénico, que é o grupo paranitroanilina doseado a 405 nm.

O nível de TA no plasma situa-se entre 80 e 120%.

### 2.2.3.4.	Determinação do CPRa

A detecção de CPPa é realizada pelo STAGO STA-Staclot® *activate-protein C-resistance* kit.

Devido à sua capacidade de inactivar o factor Va, o PCa induz um prolongamento do tempo de coagulação do plasma num meio de cálcio. Qualquer prolongamento anormalmente curto deste tempo indica a presença de PCa.

A coagulação da amostra diluída é realizada na presença de plasma deficiente de factor V e um activador de factor X (Critalus viridis helleri venom) cujo papel é iniciar a coagulação a este nível e eliminar a interacção de factores a montante.

Para qualquer medição de tempo de coagulação<130 segundos, é demonstrado um RPCa.

2.2.3.5. Procura do polimorfismo G1691A em FVL

O polimorfismo G1691A em FVL foi detectado pelo método PCR-AS (polymerase chain reaction-alle specific). O princípio deste método baseia-se no facto de que a presença de um desfasamento no final de 3' de um primário não permite a amplificação. Duas amplificações são realizadas em dois tubos, ambos contendo um primário comum, com um primário de tipo selvagem adicionado ao primeiro tubo e um primário específico adicionado ao segundo tubo. A extracção de ADN é realizada a partir de sangue total recolhido num tubo EDTA através do método salino. Os produtos PCR amplificados são visualizados por electroforese após migração sobre um gel de agarose a 2%. São encontrados três perfis: sujeito saudável (sem mutação), perfil homozigoto e perfil heterozigoto.

2.2.3.6. Procura de CCAs tipo LA

A investigação do ACC tipo LA baseia-se em quatro etapas de acordo com as recomendações da *Sociedade Internacional de Trombose e Hemostasia* (ISTH).

Etapa 1: Testes de rastreio

- APC sensibilizado: (com baixa concentração de PL e sílica como activador) esta sensibilização permite acentuar o prolongamento do APL. Um APTT é considerado normal se a relação tempo de doença (tempo M)/tempo de controlo (tempo T) for estritamente inferior a 1,2 segundos.

- *"Diluir o Tempo do Veneno Viper de Russell*: O Veneno Viper de Russell é um

O activador do factor X, que na presença de PLs e cálcio, desencadeia a coagulação a este nível e elimina a interacção de factores a montante na cascata da coagulação.

Passo 2: Demonstração do efeito inibitório

- A interpretação do resultado obtido é feita calculando o índice Rosner [28]: IR= [Tempo (T+M)-tempo [2]/tempo [2]] x 100

- A presença de ACC tipo LA é confirmada se IR >= 15%.

Etapa 3: Testes de confirmação

Os testes de rastreio são repetidos na presença de uma alta concentração de PL para demonstrar a natureza dependente de fosfolípidos do inibidor detectado.

Passo 4: Exclusão de outras coagulopatias associadas (anti-VIII, heparina e deficiência do factor de coagulação endógena).

A exploração de aCL e anti-e2GPI é feita pelo teste imunológico ELISA (kit ORGENTEC® DIAGNOSTIKA). Esta técnica visa a detecção dos isótipos IgG destes anticorpos.

Um resultado positivo tem de ser confirmado com uma amostra repetida colhida com 12 semanas de intervalo. Os valores normais são inferiores a 10 unidades/mL.

2.2.4. Estudo estatístico

A introdução de dados e a análise estatística foram efectuadas utilizando o software SPSS versão 20. Para variáveis qualitativas, foram calculadas frequências simples e relativas. Meios, desvios padrão, medianas e intervalo (valores extremos) foram calculados para as variáveis quantitativas.

Durante o período de 1er de Janeiro de 2013 a 31 de Dezembro de 2017, foram recolhidos 1180 testes de trombofilia no laboratório de hematologia do Hospital Habib Bourguiba em Sfax, dos quais 969 (82,1%) testes foram recebidos para TEV e 211 (17,9%) testes para AT **(Figura 4)**

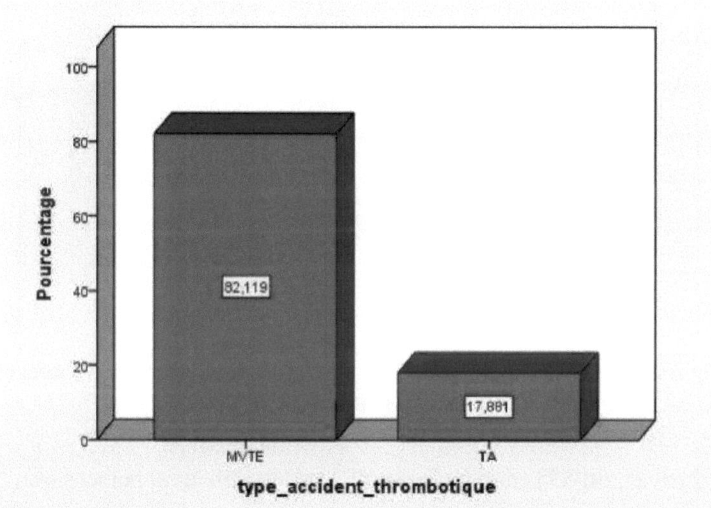

Figura 4: Percentagem de avaliações coligidas por tipo de evento trombótico

A seguir, os resultados serão apresentados de acordo com o tipo de evento trombótico observado.

2.3.Doença tromboembólica venosa

2.3.1. Características epidemiológicas

2.3.1.1. Número de avaliações recolhidas por ano

No nosso estudo retrospectivo, realizado durante um período de 5 anos, recolhemos 969 pedidos de testes de trombofilia prescritos como parte de uma investigação etiológica para jovens adultos com pelo menos um episódio de VTE. O número de tais pedidos durante o período de estudo variou de 172 a 210 pedidos/ano **(Figura 5).**

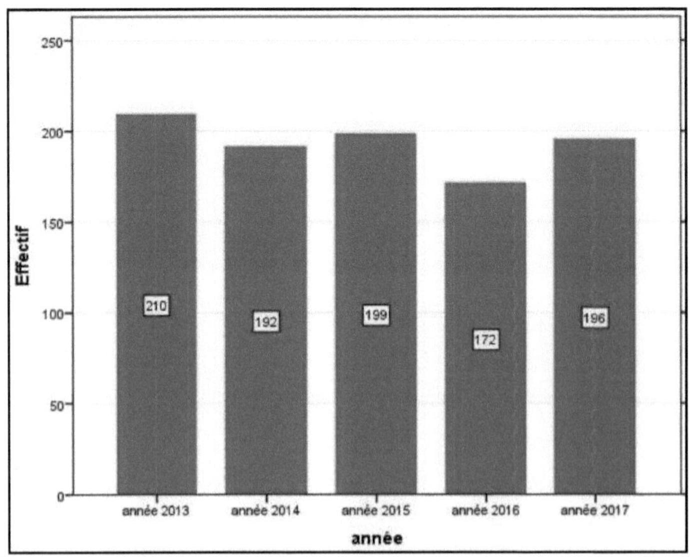

Figura 5: Número de controlos de trombofilia realizados para a doença tromboembólica venosa por ano

2.3.1.2.   Distribuição por género

Dos 969 pacientes, 555 eram mulheres (57,28%) e 414 eram homens (42,72%) com uma proporção de sexo (M/F) de 0,74.

2.3.1.3.   Distribuição etária

Na nossa série, a idade média era de 40,64 ±11,34 anos com extremos que variavam entre os 18 e os 60 anos. **A figura 6** mostra a distribuição dos pacientes por sexo e grupo etário.

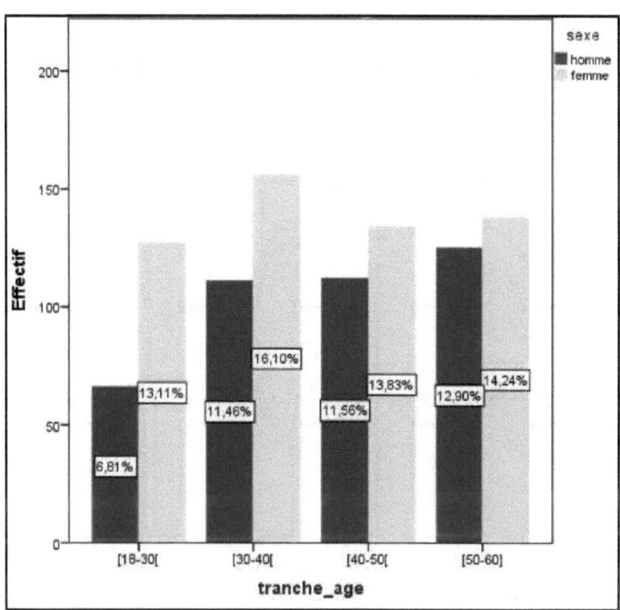

Figura 6: Distribuição dos doentes com doença tromboembólica venosa por sexo e grupo etário

2.3.1.4. Discriminação por departamento solicitando a revisão

O serviço que solicitou a revisão foi especificado em 844 pedidos, ou seja, 87,1%.

A maioria dos pedidos veio do departamento de medicina interna com 523 pedidos (54%), seguido pelo departamento de neurologia com 104 pedidos (10,7%), o departamento de cuidados intensivos com 36 pedidos (3,7%) e o departamento de pneumologia com 30 pedidos (3,1%) **(Figura 7).**

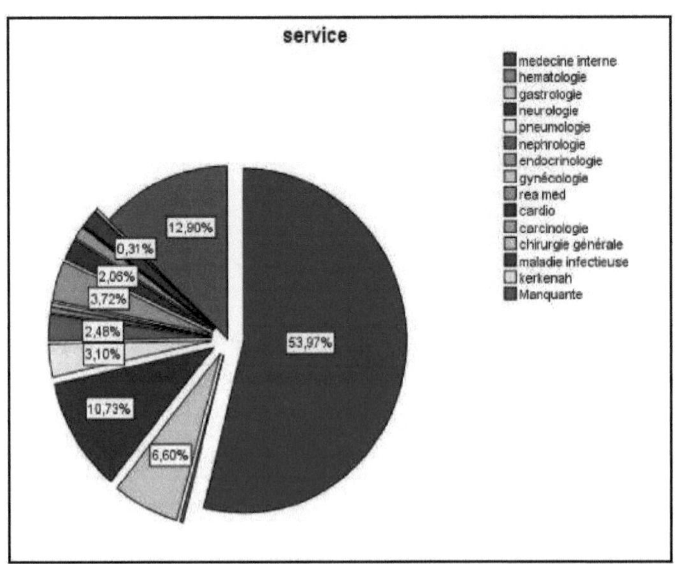

Figura 7: Distribuição dos controlos de trombofilia realizados no contexto da doença tromboembólica venosa de acordo com o serviço requerente

2.3.2. Características topográficas da doença tromboembólica venosa

O tipo de evento tromboembólico foi mencionado em 732 relatórios (76,3%). Estes foram 609 casos de TVP e 123 casos de PE.

2.3.2.1.　Trombose venosa profunda

Os 609 casos de DVT foram distribuídos da seguinte forma: 206 casos de DVT IM (21,2%), 191 casos de DVT não específicos (19,7%), e 212 casos de DVT não específicos (21,8%).

❖ **DVT do IM:**

A TVP da IM foi observada em 206 pacientes ou 21,2% com uma proporção de sexo M/F 1,23.

❖ **Assento incomum TVP**

Estes eram DVTs de localização invulgar, na nossa série notámos MS-TV, p-TV, SH-TV, RST, CT e MST **(Tabela I).**

Quadro I: Topografia de DVTs de localização não habitual

Lugar	Mão de obra	Percentagem	Proporção de sexo M/F
TV-MS	47	4,8	1,04
TVp	42	4,3	0,75
TV-SH	7	0,7	0,16
TVR	7	0,7	2,5
TVC	81	8,3	0,5
TVM	7	0,7	2,5

2.3.2.2. DVT não específico

Foram encontrados DVT-ns em 212 pacientes ou 21,8% com uma proporção de sexo de 0,89 M/F.

2.3.2.3. Embolia pulmonar

Foi encontrado PE em 123 pacientes (12,6%) com uma proporção de sexo de 0,64:1.

Vinte e sete pacientes tinham EP associada à TVP.

2.3.3. História pessoal e familiar

2.3.3.1. História pessoal

❖ História da VTE :

Na nossa série, 90 pacientes tinham um historial de TEV, ou seja, 9,3%, com predominância de homens (proporção de sexo 1,05).

O número de episódios de VTE varia entre 1 e 5 episódios **(Quadro II)**.

Quadro II: Número de episódios de doença tromboembólica venosa por número e percentagem de doentes

Número de episódios	Número de pacientes (%)
Um episódio	55 (5,7%)
Dois episódios	18 (1,9%)
Três episódios	10 (11,1%)
Quatro episódios	5(0,5%)
Cinco episódios	2(0,2%)

A idade de início do primeiro episódio de VTE variou de 11 a 56 anos com uma média de 38 ± 9,2 anos.

❖ **Outra história patológica :**

Na nossa série, 70 pacientes tinham uma história patológica. **O quadro III** pormenoriza as diferentes patologias encontradas.

Quadro III: Os diferentes antecedentes patológicos dos doentes

Patologia	Número de pacientes
Uma doença sistémica:	45 (4,6%)
A doença de Behcet	10
Doença de Still	1
Síndrome de Gougerot-Sjogren	8
Lúpus eritematoso sistémico	26
Eventos de obstetrícia :	33 (3,4%)
Postpartum	15
Aborto espontâneo	15
Toxemia na gravidez	3
Lesão hepática:	6 (0,6%)
Hepatite B	3
Hepatite C	1
Cisto hidático do fígado	2
O cancro:	4(0,4%)
Tumor ovariano	2
Neoplasia do pulmão	1
Leucemia linfocítica crónica	1
Outras patologias encontradas	7 (0,7%)
Ischemie digitale	2
Rectocolite hemorrágica	2
Doença de C^liac	2
Febre reumática	1

2.3.3.2.   Antecedentes familiares

Foi encontrado um historial familiar de TEV em 28 pacientes com uma frequência de 2,9%. Estes casos envolveram familiares em primeiro grau (ascendentes, descendentes e irmãos).

2.3.4. Factores de risco para a doença tromboembólica venosa

2.3.4.1.   Factores de risco clássicos

Foram encontrados FDRs para VTE em 131 pacientes (13,5%).

Foi encontrado um único FDR para VTE em 115 pacientes, enquanto uma combinação de vários FDR foi observada em 16 pacientes. **O Quadro IV** ilustra a frequência dos diferentes FDRs e a sua distribuição de acordo com o sexo.

Quadro IV: Distribuição dos factores de risco de doença tromboembólica venosa por sexo

FDR	Número (%)	Género	
		Sexo masculino	Mulher
Dislipoproteinemia	8 (0,8%)	3	5
Imobilização	61 (6,2%)	28	33
Gravidez	25 (2,5%)	-	25
Diabetes	10 (1,03%)	1	9
HTA	8 (0,8%)	3	5
RI	12 (1,2%)	6	6
Fumar	3 (0,3%)	2	1
Tomar um estrogénio	2 (0,2%)	-	2
Terreno venoso	2 (0,2%)	1	1

A distribuição dos DRF VTE por grupos etários de 10 anos é mostrada na **Figura 8**, para o primeiro grupo etário há um pico na gravidez, enquanto que para os outros grupos etários há uma predominância de picos de imobilização.

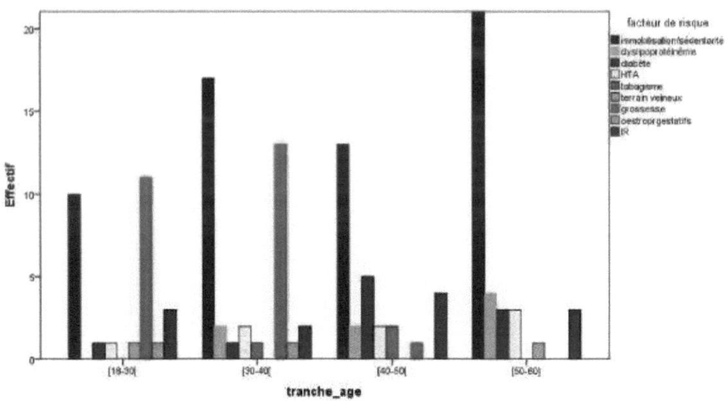

Figura 8: Distribuição dos factores de risco de doença tromboembólica venosa

por grupo etário.

2.3.4.2.   Marcadores de trombofilia

❖ **Marcadores de trombofilia constitucional**

Deficiência de PS: A exploração de PS foi realizada em 294 avaliações. Foi observado um défice de PS em 38 pacientes (3,9%).

Deficiência de PC: os testes de PC foram realizados em 568 work-ups. A deficiência de PC foi observada em 28 doentes (2,8%).

Deficiência de AT: A exploração de AT foi realizada em 925 work-ups. Foi encontrado um défice de TA em 44 pacientes (4,5%).

CPP: CPP foi investigado em 890 pacientes, com CPP encontrado em 138 pacientes (14,2%).

❖ **Investigação do polimorfismo FVL :**

Os resultados da biologia molecular fornecidos no nosso estudo apenas diziam respeito a doentes a partir do ano 2017. A pesquisa da mutação FVL foi realizada para 144 pacientes, a mutação foi detectada em 36 pacientes (3,7%), 23 dos quais eram homens e 13 mulheres.

Para o ano 2017, 36 CPPa morreram, de acordo com os resultados da biologia molecular, o polimorfismo FVL foi responsável por 36/36 da CPPa dos quais 34 pacientes tiveram uma mutação heterozigótica e dois pacientes tiveram uma mutação homozigótica **(Figura 9).**

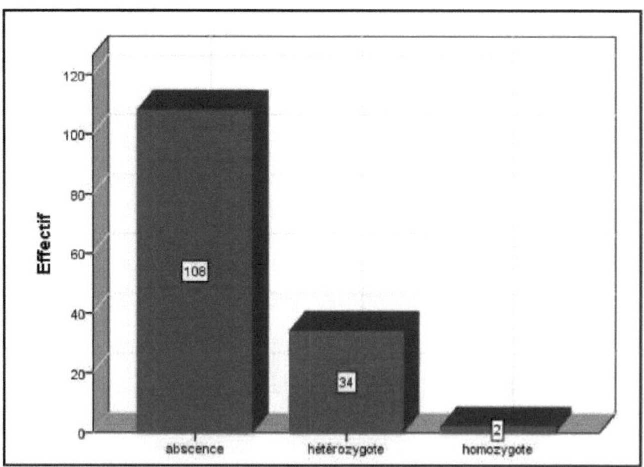

Figure 9: Le polymorphisme du facteur V Leiden chez les patients ayant une maladie veineuse thromboembolique

❖ **Marcadores de trombofilia adquirida :**

O ACC do tipo LA foi o único APL convencional explorado no nosso estudo. A pesquisa de ACC tipo LA foi realizada em 862 work-ups, ACC tipo LA foi encontrada em 66 pacientes.

Destes, seis foram verificados a intervalos de 12 semanas e a positividade de anticorpos foi confirmada em apenas quatro doentes. Por conseguinte, LA ACC foi encontrado em 64 doentes ou 6,6%.

O Quadro V abaixo resume as diferentes anomalias trombofílicas encontradas na população do nosso estudo, e ilustra a topografia do TEV para cada anomalia.

Quadro V: Distribuição das anomalias trombofílicas de acordo com a topografia da doença tromboembólica venosa

	Percentagem	TV-EP	TV-TVC	TVR	TVM	%MIMS		TVp	TV-SHns	TV-
Défice de SP	3.9 %	12	3	4	5	1	-	2	-	7
Défice de PC	2.8 %	11	2	1	5	1	-	2	-	5
Défice de AT	4.5 %	10	7	-	2	14	-	-	-	11
CPRa	14.2 %	53	18	8	4	2	2	-	1	45
Polimorfismo FVL	3.7 %	10	4	-	4	4	-	2	-	12
ACC tipo LA	6.6%	20	13	2	4	-	-	1	-	12

2.3.4.3. Factores de risco de recidiva de doença tromboembólica venosa

Os resultados do estudo estatístico da imputabilidade dos diferentes FDR de recorrência na ocorrência de eventos tromboembólicos recorrentes são mostrados no **quadro VI.**

Quadro VI: Envolvimento de factores de risco na ocorrência de doença tromboembólica venosa recorrente

FDR	Recidivismo (+)	Recidivismo (-)
Imobilização	6	55
	$p=0,741$	
Tomar oestroprogestinas	0	2
Gravidez	3	22
	$p=0,7$13	
Postpartum	1	14
	$p=0,724$	
Cancro	0	4
Défice de AT	6	50
	$p=0,661$	
Défice de SP	2	42
	$p=0,422$	
Défice de PC	4	32
	$p=0,644$	
CPRa	18	167
	$p=0,573$	
Mutação FVL	2	0

	p=0,972	
ACC+	10	72
	p =0,361	
Género masculino	46	368
	p=,091	
Esquemas de FDR	0	23

Verificámos que estes DRFs não estavam estatisticamente associados à ocorrência de VTE recorrentes (p > 0,05). Assim, a imputabilidade destes DRFs na ocorrência de recorrência de MVTE foi negada no nosso estudo.

2.3.5. Distribuição de defeitos de coagulação

De 969 relatórios coligidos, 274 relatórios contendo anomalias biológicas foram encontrados em doentes com trombofilia, dos quais apenas 24 relatórios foram controlados remotamente. As anomalias encontradas nestes doentes são apresentadas no **Quadro VII.**

Quadro VII: O perfil biológico da trombofilia em doentes com doença tromboembólica venosa

	Anomalia	Número	Percentagem % do total
Anomalia constitucional isolada	Défice de SP	19	1.9%
	Défice de PC	14	1.4%
	Défice de AT	35	3.6%
	RPCA	116	12%
	Total	184	**18.9%**
Anomalia Adquirida	ACC tipo LA	50	**5.1%**
Anomalias constitucionais combinadas	Anomalia combinada em PS e PC	8	0.8%
	Anomalia combinada em PS e RPCA	8	0,8%
	Anomalia combinada de PC e AT	2	0.2%
	Anomalia combinada em PC e RPCA	1	0,1%
	Anomalia combinada em TA e RPCA	5	0.5%
	Total	24	**2,47%**
Anomalias constitucionais mistas e adquiridas	ACC+ e RPCA	8	0,8%
	Défice ACC+ e SP	3	0.3%
	Défice ACC+ e TA	2	0.2%
	Défice de ACC+ e	1	0.1%

PC		
Total	14	**1.4%**

Foi encontrada trombofilia constitucional isolada em 184 pacientes ou 18,9%, foi relatada trombofilia constitucional combinada em 24 pacientes ou 2,47%. LA tipo ACC foi encontrado isoladamente em 50 doentes ou 5,1% e em associação com uma deficiência natural de inibidor de coagulação ou CPPa em 14 doentes, fazendo a percentagem de trombofilia mista 1,4%.

2.4.Trombose arterial

2.4.1. Características epidemiológicas

2.4.1.1. Número de avaliações recolhidas por ano

O número de check-ups de trombofilia realizados no contexto da BP variou de 23 a 59 check-ups/ano com uma média de 42 check-ups/ano **(Figura 10)**.

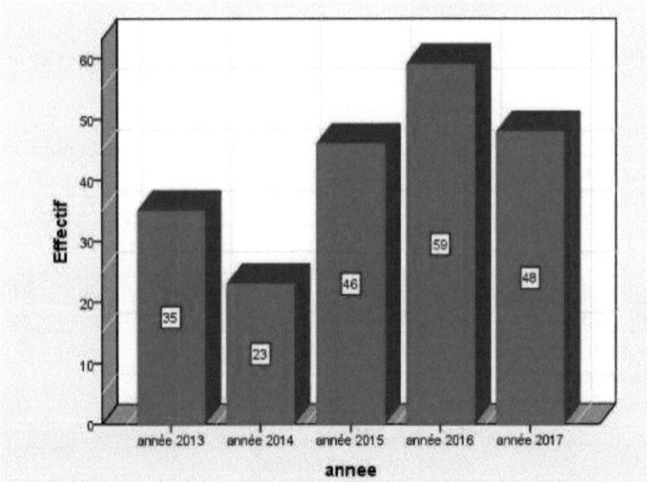

Figura 10: Número de controlos de trombofilia realizados no contexto de um AT por ano.

2.4.1.2. Distribuição por género

Dos 211 pacientes, 123 eram homens (58,2%) e 88 eram mulheres (41,7%). Houve uma predominância de homens com uma proporção de sexo (M/F) de 1,39.

2.4.1.3. Distribuição etária

A idade média foi de 36,78 +/- 9,56 anos, variando entre os 18 e os 60 anos. Esta distribuição mostra uma predominância do grupo etário 30-40 anos, representando 40% da população BP **(Figura 11)**.

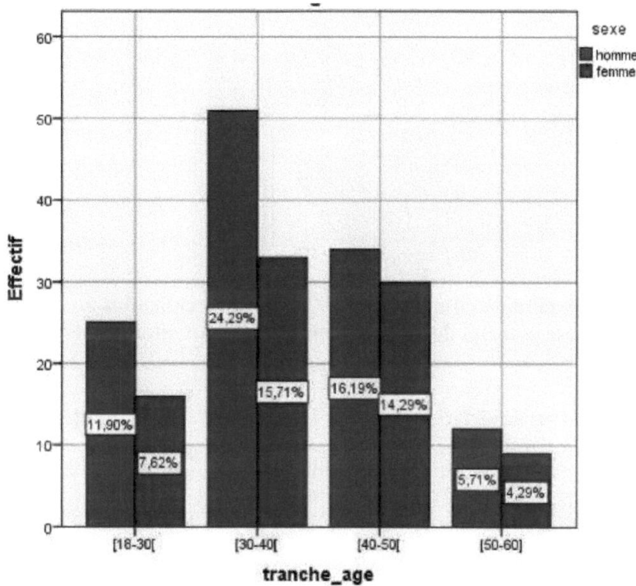

Figura 11: Distribuição dos doentes com trombose arterial por sexo e grupo etário

2.4.1.4. Discriminação por departamento solicitando a revisão

Dos 211 relatórios, o serviço requerente foi especificado em 198 relatórios, ou seja, 93,8%.

A maioria dos pedidos veio do departamento de neurologia com 118 pedidos. O departamento de medicina interna foi o segundo com 52 pedidos. Esta distribuição é ilustrada na **figura 12.**

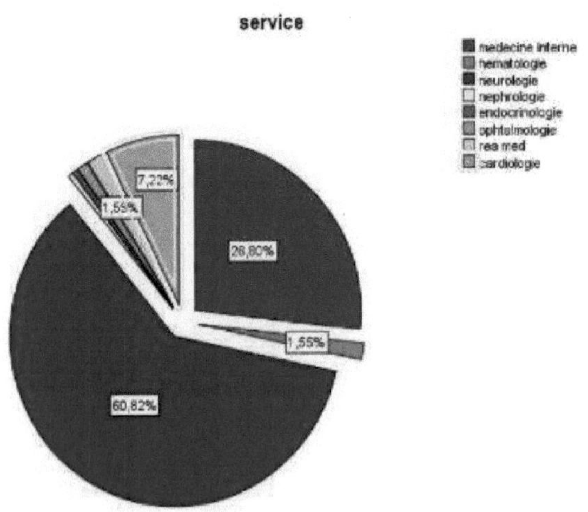

Figura 12: Distribuição dos testes de trombofilia realizados no contexto da trombose arterial de acordo com o departamento requerente

2.4.2. Características topográficas da trombose arterial

A PA foi predominantemente representada por AVC, que foi observada em 180 pacientes (85,3%), a IM foi observada em 22 pacientes (10,4%) e a PA não específica foi observada em 9 pacientes (4,2%) **(Figura 13)**.

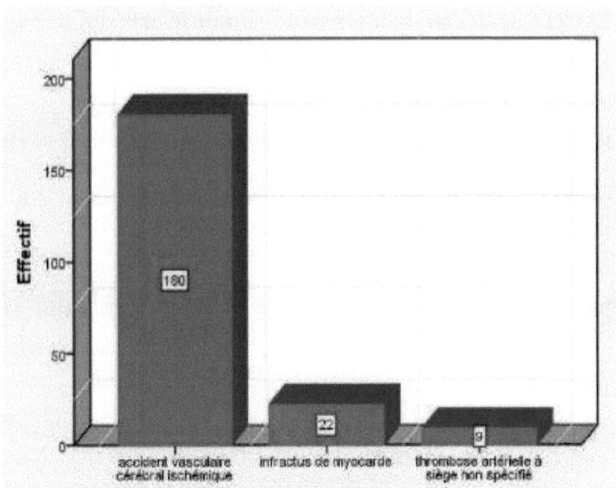

Figura 13: Distribuição por tipo de trombose arterial

2.4.3. História pessoal e familiar

2.4.3.1.   História pessoal

Na nossa série, 22 pacientes tinham um historial de BP (10,4%). Outros achados patológicos foram observados em apenas oito pacientes. Estas foram complicações obstétricas em três pacientes e doenças sistémicas nos outros cinco pacientes.

2.4.3.2.   Antecedentes familiares

Foi encontrado um histórico familiar de BP em 3 pacientes com uma frequência de 2,4%. Estes casos envolviam familiares de primeiro grau (ascendentes, descendentes e irmãos).

2.4.4. Factores de risco para trombose arterial

2.4.4.1.   Factores de risco clássicos

Com base nos formulários CR preenchidos, foram encontrados LD FDRs em 15 pacientes ou 7,1% (ver **Quadro VIII**). Um único LD FDR foi encontrado em 13 pacientes, enquanto que uma combinação de vários FDRs foi observada em dois pacientes.

Quadro VIII: Distribuição dos factores de risco de trombose arterial por sexo

FDR	Número (%)	Género	
		Sexo masculino	Mulher
Dislipoproteinemia	5 (2,3)	3	2
Imobilização	1 (0,4)	-	1
Gravidez	0	-	-
Diabetes	2 (0,9)	1	1
HTA	4 (1,8)	1	3
RI	0	-	-
Fumar	2 (0,9)	2	-
Tomar um estrogénio	1 (0,4)	-	1
Terreno venoso	0	-	-

2.4.4.2.   Marcadores de trombofilia

❖ **Deficiência de Proteína S:**

O PS foi investigado em 184 relatórios. Foi observado um défice de PS em 11 pacientes (5,2%).

❖ **Deficiência de Proteína C:**

A medição da PC foi realizada em 185 pacientes, foi encontrado um défice em cinco pacientes ou 2,3%.

❖ **Deficiência de antitrombina :**

A AT foi investigada em 205 pacientes, e foi encontrado um défice em cinco pacientes (2,3%).

❖ **O CPPa :**

O CPP foi detectado em 186 pacientes, e foi encontrado em 27 pacientes (12,7%).

❖ **Polimorfismo FVL :**

Os resultados da biologia molecular fornecidos no nosso estudo apenas diziam respeito a doentes a partir do ano 2017. A mutação FVL foi encontrada em doze pacientes ou 5,6%. Foi encontrado um CPP em todos estes pacientes, dos quais oito pacientes tinham uma mutação heterozigota e quatro pacientes tinham uma mutação homozigota.

❖ **CCA LA típico :**

A pesquisa de ACC tipo LA foi realizada em 197 pacientes e foi encontrada em 31 pacientes (14,6%).

A distribuição das anomalias trombofílicas de acordo com a topografia da BP na nossa população de estudo é mostrada na **Tabela IX.**

Quadro IX: Distribuição das anomalias trombofílicas de acordo com a topografia da trombose arterial

Anomalia de trombofilia	Percentagem de anomalias	STROKE	IDM	Trombose arterial não específica
Défice de SP	5.2%	10	1	-
Défice de PC	2.3%	5	-	-
Défice de AT	2.3%	3	1	1
CPRa	12.7%	20	5	2
Polimorfismo FVL	5.6%	4	8	-
ACC+	14.6%	17	8	6

2.4.5. Distribuição de defeitos de coagulação

Foi encontrada trombofilia constitucional isolada em 31 pacientes ou 14,6%, foi encontrada trombofilia constitucional combinada em quatro pacientes ou 1,8%.

LA ACC foi relatada isoladamente em 24 pacientes (11,3%) e em associação com um defeito constitucional em sete pacientes (3,3%).

O quadro X detalha o perfil biológico da trombofilia em doentes com BP.

Quadro X: Perfil biológico da trombofilia em doentes com trombose arterial

	Anomalia	Número	Percentagem % do total
Anomalia constitucional isolada	Défice de SP	6	2.8%
	Défice de PC	3	1.4%
	Défice de AT	2	0.9%
	RPCA	20	9.4%
	Total	**31**	**14.6%**
Anomalia Adquirida	ACC tipo LA	24	11.3%
Anomalias constitucionais combinadas	Anomalia combinada em PS e PC	1	0.4%
	Anomalia combinada em PS e RPCA	1	0.4%
	Anomalia combinada em PS e AT	1	0.4%
	Anomalia combinada em PS, PC, e AT	1	0.4%
	Total	4	1.8%
Anomalias constitucionais mistas e adquiridas	ACC+ e RPCA	5	2.3%
	Défice ACC+ e SP	1	0.4%
	ACC+ , défice de AT e CPPa	1	0.4%
	Total	7	3.3%

2.5.Aspecto qualitativo dos pedidos de avaliação da trombofilia

2.5.1. Avaliação das fichas de informação clínica

2.5.1.1.　No contexto da doença tromboembólica venosa

Entre os 969 pedidos de testes de trombofilia que foram recebidos pelo laboratório de hematologia no contexto do VTE, havia vários dados em falta.

De facto, o departamento que solicitou a avaliação da trombofilia não foi especificado em 125 registos (12,8%). Além disso, não foi fornecida qualquer informação clínica em 112 pedidos (11,5%) : as características clínicas do paciente não foram especificadas.

Além disso, faltavam as características epidemiológicas dos pacientes, a sua história pessoal e/ou familiar de trombose e o seu comportamento terapêutico, e 288 pedidos de análise foram encontrados sem indicação (29,7%).

2.5.1.2.　No contexto da trombose arterial

Para os 211 pedidos recolhidos no âmbito de uma AT, o serviço que solicitou a avaliação da trombofilia não foi especificado em 13 registos (6,11%). Além disso, não foi fornecida qualquer informação clínica em 57 pedidos (27%).

Esta falta de informação levou a uma subestimação de factores pró-trombóticos. Isto leva-nos a aumentar a consciência dos prescritores para fornecer informação suficiente nos seus pedidos, a fim de garantir a qualidade dos resultados.

2.5.2. Avaliação da relevância dos pedidos de check-ups de trombofilia

Referindo-se às recomendações do GEHT e SFMV e às últimas recomendações de 2019 das sociedades francófonas [1] que detalhavam as indicações para o trabalho sobre trombofilia, a conformidade foi avaliada na nossa série de estudos Vindication of thrombophilia work-up in VTE.

De facto, 423 pedidos foram justificados (43,6%) e distribuídos da seguinte forma:

- Primeiro episódio não provocado de DVT proximal ou PE: 67 casos

- Recidiva induzida ou não induzida de DVT ou PE proximal: dois casos

- Recorrência de TVP distal não provocada: 77 casos

- Primeiro episódio induzido ou não induzido de TVP ou EP proximal em mulheres em idade fértil: 57 sujeitos

- Trombose de assento incomum: 212 sujeitos

- TVP ou EP associada a necrose de pele ou com um historial de patologia vascular placentária: dois casos

- TVP ou PE com histórico familiar de trombose de primeiro grau: 9 casos

Os nossos resultados foram semelhantes aos do estudo francês de Allain et al. que constataram que 57% dos testes realizados estavam de acordo com as recomendações [25] e do estudo americano de Kwang et al. que constataram que a conformidade dos testes com as recomendações GEHT e SFMV era de cerca de 56,6% [26]. No que respeita aos testes de trombofilia, de acordo com os nossos resultados, a sua indicação foi considerada inadequada, de acordo com a literatura. Isto leva-nos a recordar as indicações para a realização de um trabalho de trombofilia no contexto de VTE, a fim de obter investigações biológicas mais relevantes e orientadas. Por outro lado, a indicação de testes de trombofilia no contexto de trombose arterial permanece controversa na literatura, vários estudos questionaram a utilidade deste teste uma vez que não é clinicamente útil ou rentável [2], no entanto, vários estudos justificam a realização deste teste em indivíduos com menos de 50 anos [27].

No nosso estudo, dos 211 pacientes com trombose arterial, 190 pacientes tinham menos de 50 anos de idade, ou seja, 90%.

2.5.3. Avaliação da exaustividade dos balanços

Considerando que o nosso trabalho era etiológico, um trabalho de trombofilia foi considerado completo se a determinação de PS, PC e AT, a busca de uma

CPPa e a busca de CCA tipo LA fossem completadas.

Dos testes de trombofilia recebidos pelo laboratório no contexto do VTE, 108 estavam completos, ou seja, 11,1%.

Além disso, um trabalho de trombofilia foi considerado controlado se os marcadores de trombofilia PS, PC, AT, e CPPa fossem repetidos numa segunda amostra antes de se concluir uma deficiência de anticoagulante natural ou CPPa. No caso da APS, a positividade de anticorpos só pode ser demonstrada após a repetição de um teste com intervalos de 12 semanas.

No nosso estudo, apenas 25 controlos foram controlados, ou seja 2,5% (ver Apêndice 1), dos quais seis controlos diziam respeito a doentes com LPA, o que é um resultado muito inferior em comparação com os resultados de outras séries em que a percentagem de controlo foi de 11,9% no estudo de Devigne et al [28] e 48,8% no estudo de Journaud et al [29].

Por outro lado, dos 211 testes de trombofilia prescritos no contexto de uma TA, apenas vinte testes foram concluídos, ou seja 9,47%, e sete resultados foram verificados remotamente numa segunda amostra, ou seja 3,13% (ver Apêndice 2), dos quais seis controlos diziam respeito à CPPa e apenas um controlo dizia respeito ao défice de SP. Em geral, de todos os testes recolhidos no nosso estudo, 128 testes foram concluídos (10,8%) e 32 testes foram controlados (2,7%). O grande número de investigações incompletas, bem como a ausência de controlos significou que a trombofilia na nossa série foi provavelmente subestimada.

Isto leva-nos a alertar os clínicos para a importância de realizar uma investigação completa dos marcadores trombofílicos e para a necessidade de monitorização subsequente dos resultados fornecidos.

2.6.Estudo dos dados epidemiológicos dos nossos pacientes

2.6.1. Idade

2.6.1.1.   Pacientes com doença tromboembólica venosa Na nossa série, todos os nossos pacientes estavam na faixa etária dos 18 aos 60 anos. A população pediátrica foi excluída do nosso estudo devido às suas particularidades, uma vez que vários estudos descreveram o diagnóstico, diferentes indicações para o trabalho e gestão da trombofilia desta população [30]. Os doentes com mais de 60 anos de idade foram também excluídos do nosso estudo devido às especificidades desta população e ao facto de a investigação biológica para trombofilia não ser recomendada para um primeiro episódio de TEV com mais de 60 anos [31].

A idade média dos nossos pacientes era de 40,6 ± 11,3 anos. A distribuição dos casos por grupos etários de dez anos mostrou dois picos de frequência entre 30 e 40 anos (27,5%) e entre 50 e 60 anos (27,41%). Os nossos resultados são semelhantes aos encontrados no estudo tunisino de Ben Salah et al [32] que mostrou uma idade média de 45,7 anos e também encontrou um pico no grupo etário dos 30-40 anos (21,3%).

2.6.1.2. Pacientes com trombose arterial

A idade média dos pacientes com BP era de 36,7 anos com um pico na faixa etária dos 30-40 anos, o que representava 40% da população do nosso estudo.

O nosso resultado está de acordo com o estudo tunisino de Kefi et al [33], que mostrou uma idade média de 35,7 anos.

2.6.2. Género

2.6.2.1. Pacientes com doença tromboembólica venosa Os nossos resultados mostraram uma predominância de mulheres com uma proporção de sexo de 0,74. Isto é consistente com o estudo tunisino de Kechida et al. Isto está de acordo com o estudo tunisino de Kechida et al [34], que encontrou uma predominância feminina com uma proporção de sexo de 0,84 e com o estudo britânico de Martinez et al, que encontrou uma proporção de sexo de 0,81 [35].

Ao contrário do nosso resultado, foi observada uma predominância masculina noutros estudos com uma proporção de sexo que varia entre 1,23 [36] e 1,28 [32].

De facto, o pico de frequência observado no grupo etário 30-40 com predominância de mulheres é explicado em vários estudos pela gravidez e o uso de contraceptivos orais em mulheres nesta idade, que se encontram entre os DRFs que desencadeiam os TEV **[35]**.

2.6.2.2.   Pacientes com BP

Foi encontrada uma predominância de homens nos nossos pacientes com BP, que foi encontrada no estudo de Konin et al. que mostrou uma proporção de sexo (M/F) de 1,6 **[37]**.

2.6.3. Antecedentes familiares

2.6.3.1.   Pacientes com doença tromboembólica venosa Apenas 2,9% destes pacientes tinham um historial familiar de TEV. Esta frequência é significativamente mais baixa do que os encontrados noutros estudos em que variaram entre 7,4% **[38]** e 10,4% **[33]**.

2.6.3.2.   Pacientes com trombose arterial

Foi encontrada uma história familiar de trombose arterial em três pacientes com uma frequência de 2,4%.

O nosso resultado foi inferior ao encontrado no estudo tunisino de Kefi et al **[39]**, no qual foi observado um historial familiar em 10,8% dos doentes.

Tendo em conta o grande número de pacientes incluídos no nosso estudo, o pequeno número de pacientes com antecedentes familiares de eventos trombóticos sugere uma falta de recolha de RC durante o interrogatório e impõe uma maior consciência entre os prescritores da necessidade de conduzir um interrogatório detalhado e completo.

2.7.Avaliação dos resultados da trombofilia constitucional e adquirida na ocorrência de eventos trombóticos no sujeito jovem

2.7.1. Importância das condições pré-analíticas na interpretação do teste de trombofilia

No laboratório médico, a fase pré-analítica engloba todas as acções e aspectos do procedimento diagnóstico que ocorrem antes da fase analítica **[40]**, tais como a entrevista do paciente, a recolha de amostras biológicas, o armazenamento e até ao momento da análise.

De facto, esta fase terá um impacto directo na fiabilidade e validade dos resultados obtidos na fase analítica, e a sua normalização é de importância crucial que tem um efeito directo na qualidade dos resultados [41].

Uma entrevista abrangente incluindo informação clínica é um elemento chave desta fase e é da maior importância. De facto, esta é uma das recomendações mais recentes do Groupe Francais d'Etude sur l'Hemostase et la Thrombose (GFEHT) e da *Sociedade Internacional sobre Trombose e Hemostasia* (ISTH) relativamente à condução adequada da fase pré-analítica [41].

De facto, no nosso estudo, os formulários de referência de trombofilia preenchidos por clínicos foram a nossa única referência onde, apesar dos esforços para sensibilizar os prescritores, encontramos frequentemente várias partes destes formulários não preenchidas e que não continham qualquer CR. Utilizando os registos médicos dos pacientes como referência, poderíamos ter fornecido perfis clínicos completos para os nossos pacientes. No entanto, a grande dimensão da nossa população de estudo põe em causa a viabilidade desta alternativa. No entanto, a cooperação entre o clínico e o biólogo continua a ser a melhor solução para obter o perfil completo do paciente e para fazer o diagnóstico.

Por outro lado, um teste de trombofilia é uma investigação biológica sensível que pode ser influenciada por vários factores e cuja qualidade determina a credibilidade dos resultados obtidos. De facto, a amostra deve ser colhida à distância de eventos trombóticos e episódios inflamatórios. O tratamento anticoagulante, a contracepção hormonal e qualquer outro tratamento ou situação patológica que possa influenciar os marcadores da trombofilia devem ser comunicados ao biólogo [42].

Por outras palavras, ao testar marcadores trombofílicos, uma anomalia só pode ser confirmada após controlo remoto numa segunda amostra [43], e esta etapa de controlo é frequentemente negligenciada.

Esta negligência teve um efeito directo nos nossos resultados. De facto, apesar do grande número de anomalias trombofílicas que foram encontradas, apenas foram tidas em conta as anomalias controladas e confirmadas, o que nos deu uma baixa percentagem de trombofilia na nossa população estudada. A falta de controlo dos resultados poderia ser explicada por :

- A ignorância dos médicos sobre a importância desta medida para confirmar e demonstrar a anomalia relatada.

- Falta de comunicação entre clínicos e biólogos devido à falta de informatização entre os diferentes departamentos clínicos e o laboratório.

- O custo do transporte médico para pacientes que vivem longe do hospital é uma causa de não aderência.

- A situação médica de alguns pacientes pode impedi-los de viajar para o laboratório para uma segunda amostra.

2.7.2. Perfil das anomalias do marcador de trombofilia por tipo de evento trombótico

2.7.2.1.   Na doença tromboembólica venosa

A exploração do perfil etiológico do VTE demonstrou a incriminação de anomalias trombofílicas na ocorrência desta condição em vários estudos. A frequência da trombofilia em doentes com TEV tem sido relatada na literatura como variando entre 15,1% [33] e 63,5% [32] (Tabela XI), o que é consistente com os nossos resultados. De facto, a trombofilia foi identificada em 271 dos nossos pacientes, ou seja, 27,9%.

Quadro XI: Frequências comparativas da trombofilia em doenças venosas tromboembólicas em algumas séries de literatura

	Ano estudo	de trombofilia	Trombofilia hereditária	Trombofilia adquirida	Trombofilia mista
Mateo et	1997	16,93%	12,85%	4,08%	0,75%

al[44]					
Ben Salah et al[32].	1996 2010	63,5%	22,6%	19,1%	-
Kechida et al [34].	2004 2011	39,1%	29,5	9,6	28,8
Horton et al [45].	1999 2011	30,8%	19,5%	11,3%	-
Koonarat et al [38]	2010 2012	15,1%	12,7%	2,4%	-
A nossa série	2013 2017	27.9%	21.3%	5.1%	1.4%

2.7.2.2. Trombofilia constitucional

Na nossa série, o TAC foi encontrado em 207 pacientes ou 21,3% dos quais 184 pacientes tinham um único defeito constitucional (18,9%) e 24 pacientes tinham defeitos constitucionais combinados (2,4%).

Os nossos resultados são semelhantes aos do estudo tunisino de Ben Salah et al[32], que revelou uma frequência de trombofilia constitucional da ordem de 22,6%.

Na maioria dos estudos acima citados, a trombofilia constitucional é muito mais comum do que a trombofilia adquirida na mesma população do estudo, o que é consistente com as nossas conclusões. **O Quadro XII** ilustra a frequência das principais anomalias da trombofilia constitucional em diferentes séries.

Quadro XII: Frequências comparativas das principais anomalias constitucionais da trombofilia em diferentes séries da literatura

	Défice em PS	Défice de PC	Défice de AT	CPRa
Frequência na população em geral[46, 47]	0,03-0,13%	0,14-0,5%	0,02-0,17%	-
Frequência em doentes com TEV[46, 48]	1,4-7,5%	1,4-8,6%	0,5-4,9%	-
Kechida et al [34].	28,8%	7,7%	3,8%	51,9%
Hentati et al [48]	4%	7%	-	2%
Turan et al [49].	13,5%	5,7%	1,1%	-
Koonarat et al. [33]	3%	1,2%	0,6%	-
A nossa série	3,9%	2,7%	4,5%	13,6%

Foi encontrada deficiência de PS em 38 pacientes (3,9%). Os nossos resultados estão de acordo com a literatura, em particular com o estudo tunisino de Hentati et al [48], que encontrou uma frequência de 4%.

A deficiência de PC foi notificada em 28 pacientes ou 2,8%, o que não está de acordo com os resultados dos estudos anteriormente citados, onde esta frequência variou de 1,2% [33] a 8,6% [46]. No entanto, o nosso resultado é claramente inferior aos revelados pelos dois estudos tunisinos onde a frequência da deficiência de PC foi de 7,7% no estudo de Kechida et al [34] e 7% no estudo de hentati et al [48]. Caso contrário, a deficiência de AT foi detectada em 44 dos nossos pacientes com uma frequência de 4,5%, o que está de acordo com os resultados de alguns estudos citados anteriormente [33].

Por outro lado, o PCaR foi detectado em 138 dos nossos pacientes (14,2%), apresentando assim a anomalia de trombofilia constitucional mais frequente na nossa série de estudos. Os nossos resultados estão de acordo com o estudo tunisino de Kechida et al [34], que descobriram que o cPTR era a trombofilia constitucional mais comum na sua população de estudo.

De facto, o cPDR na maioria dos casos reflecte uma mutação no FVL que afecta um dos sítios de clivagem do factor V por PCa, resultando numa inactivação deficiente deste factor [50].

De acordo com os resultados da biologia molecular, que apenas diziam respeito aos controlos de trombofilia do ano 2017, a mutação FVL foi considerada responsável por 36/36 da CPPa. A mutação foi heterozigota em 34 pacientes e homozigota nos restantes dois pacientes.

Vários estudos mostraram que a mutação FVL é uma mutação frequente na região Sfax, nomeadamente o estudo de Maalej et al [51] sobre dadores de sangue que mostrou que esta mutação existia em 13,6% da população do estudo com predominância do perfil heterozigoto e isto é explicado por vários autores pela elevada taxa de endogamia e gestão consanguínea nesta região.

2.7.2.3.   Trombofilia adquirida

A frequência da trombofilia adquirida em doentes com TEV varia na literatura de 2,4% [33] a 19,1% [32].

Na nossa série, 64 pacientes tinham um CCA tipo LA positivo, ou seja, 6,6% da nossa população, com predominância de fêmeas. Esta predominância feminina também foi encontrada no estudo de Zhao et al [52].

O mesmo estudo revelou uma frequência de eventos tromboembólicos da ordem de 67% nestes pacientes, o que está em linha com os nossos resultados. De facto, foi encontrado um evento tromboembólico venoso na maioria dos nossos pacientes com ACS LA.

A idade média dos nossos pacientes com ACS LA foi de 39,6 anos, o que está próximo dos resultados fornecidos pelo estudo chinês de Shi et al [53], que encontraram uma idade média de 41 anos.

2.7.2.4.   Trombofilia mista

A frequência de trombofilia mista na nossa população foi de 1,4%, que foi a presença de um ACC tipo LA com uma deficiência natural de inibidor de coagulação ou com um CPPa. Este último foi o caso mais frequente, com uma frequência de 0,8%. Os nossos resultados são semelhantes aos de Mateo et al [44] que encontraram uma trombofilia mista associando uma LPA com uma CPPa em 0,75% dos doentes.

2.7.2.5.   Em trombose arterial

Na nossa série, a trombofilia constitucional foi encontrada em 55 pacientes ou 26%. A trombofilia constitucional isolada representou 14,6% enquanto que a trombofilia constitucional combinada apresentou 11,3%.

Um ACC do tipo LA foi encontrado isoladamente em 24 pacientes ou 11,3%. Esta frequência é semelhante à encontrada no estudo de Spagnoli et al [54]. Foi encontrada trombofilia mista em sete pacientes com uma frequência de 3,3%.

O quadro seguinte ilustra a frequência das anomalias trombofílicas em algumas das séries da literatura.

Quadro XIII: Frequências comparativas de trombofilia na PA em séries de
literatura seleccionadas

Study	DeficitType	Défice TA em PS	Défice em PC	RPCaACC em	ATtype O
Carod et al[55].	STROKE	11,5%	0,76%	0%	2,3%	0,5%
Spagnoli et al[54].	IDM	13%	5%	5,5%	-	11%
Naziha et al[56].	STROKE	16,67%	16,67%	-	-	-
Stepien et al[57].	STROKE	2,4%	1,2%	3,6%	-	-
	IDM	2,4%	2,4%	1,2%	-	-
O nosso estudo	TA	5,1%	2,3%	2,3%	12,7%	14,6%
	STROKE	4,7%	2,3%	1,4%	9,4%	8%
	IDM	0,4%	0%	0,4%	2,3%	3,7%

Na nossa série, foi encontrado um défice de PS em dez doentes com AVC, com uma frequência de 4,7%. Esta frequência está próxima dos resultados dos estudos anteriormente citados. Caso contrário, a frequência de CPPa em doentes com AVC foi de 9,4%, o que é superior à frequência encontrada no estudo de Carod et al **[55]**, o que pode ser explicado pela elevada taxa de CPPa na região de Sfax.

CONCLUSÃO

A trombofilia é uma doença multigénica que requer um trabalho coerente, abrangente e controlado da trombofilia, tendo em conta os dados epidemiológicos, clínicos e ambientais dos pacientes com eventos trombóticos, a fim de estabelecer uma interpretação fiável do trabalho.

Assim, o objectivo do nosso estudo retrospectivo foi avaliar os pedidos de avaliação de trombofilia, relatar as características epidemiológicas, topográficas e etiológicas dos acidentes trombóticos e determinar o perfil biológico da avaliação da trombofilia durante estes acidentes em indivíduos com idades compreendidas entre os 18 e os 60 anos.

Com base nas recomendações da GFEHT que detalham as indicações para os testes de trombofilia no contexto do VTE, nem todos os pedidos no nosso estudo foram relevantes. Apenas 423 (43,6%) pedidos foram justificados. Por outro lado, a indicação para os testes de trombofilia no contexto de AT continua a ser controversa na literatura.

No nosso estudo, 128 testes foram concluídos (10,8%) e 32 testes foram controlados (2,7%). Na realidade, a não exaustividade dos testes impediu-nos de determinar a frequência exacta das anomalias trombofílicas encontradas na população do nosso estudo.

Em pacientes com TEV, a idade média foi de 40,64 anos com predominância de mulheres, enquanto que em pacientes com PA, a idade média foi de 36,7 anos com predominância de homens.

Para pacientes com TEV, foi encontrada trombofilia constitucional em 208 pacientes ou 21,4%, dos quais 184 pacientes tinham uma única anomalia e 24 pacientes tinham uma anomalia combinada. O ACC tipo LA foi encontrado isoladamente em 50 pacientes ou 5,1% e em associação com trombofilia constitucional em 14 pacientes ou 1,4%.

A deficiência de PS foi observada em 38 pacientes (3,9%), a deficiência de PC também foi observada em 28 pacientes (2,8%), a deficiência de AT foi observada em 44 dos nossos pacientes (4,5%) e CPPa foi encontrada em 138 dos nossos pacientes (14,2%) apresentando assim a anomalia mais comum encontrada no nosso estudo

Para pacientes com PA, foi encontrada trombofilia constitucional isolada em 31 pacientes (14,6%) e trombofilia constitucional combinada foi encontrada em 4 pacientes (1,8%).

LA CCA foi encontrado isoladamente em 24 pacientes (11,3%) e em associação com trombofilia constitucional em 7 pacientes (3,3%).

A deficiência de PS foi observada em 11 pacientes (5,2%), a deficiência de PC foi observada em 5 pacientes (2,3%), a deficiência de AT foi observada em 5 pacientes (2,3%) e CPPa foi encontrada em 27 pacientes (12,7%), apresentando assim a anomalia mais comum na população do nosso estudo.

Tendo em consideração o elevado custo da avaliação da trombofilia, é necessária uma revisão das indicações para esta avaliação, a fim de restringir a sua utilização e de obter uma investigação mais relevante e orientada.

Entre as limitações da nossa exploração etiológica:

- A transferência FVL foi feita apenas para os balanços de 2017.

- A mutação de protrombina G202120A não foi testada.

- A pesquisa de LPAs que não sejam ACC do tipo LA não foi feita.

Em conclusão, o nosso estudo permitiu-nos salientar a importância da informação clínica, investigações exaustivas dos marcadores trombofílicos e, sobretudo, o controlo biológico dos resultados e recordar que a cooperação entre o biólogo e o clínico é a melhor forma de obter resultados relevantes, direccionados e fiáveis.

REFERÊNCIAS BIBLIOGRÁFICAS

1. Sanchez O, Benhamou Y, Bertoletti L, Constant J, Couturaud F, Delluc A, et al. Recomendações de boas práticas para a gestão da doença tromboembólica venosa em adultos. Versão curta. Rev Mal Respir. 2019;36(2):249-83.

2. Carroll BJ, Piazza G. Estados hipercoaguláveis em trombose arterial e venosa: Quando, como, e quem testar? Vasc Med. 2018;23(4):388-99.

3. Samaher B. Papel da proteína C, um anticoagulante natural, na associação de trombose e cancro [Estes]. Monastir: Faculdade de Farmácia de Monastir; 2015.

4. Bijak M, Rzeznicka P, Saluk J, Nowak P. Modelo celular do processo de coagulação do sangue. Pol Merkur Lekarski. 2015;39(229):5-8.

5. Smock KJ, Plumhoff EA, Meijer P, Hsu P, Zantek ND, Heikal NM, et al. Teste de proteína S em doentes com deficiência de proteína S, factor V leiden, e rivaroxaban por laboratórios de coagulação especializados norte-americanos. Thromb Haemost. 2016;116(1):50-7.

6. Deng MY, Liu ZX, Huang HF, Chen YH, Luo YJ, Sun NN, et al. Duas novas mutações heterozigóticas compostas associadas a carências de proteínas C dos tipos I e II com fenótipos invulgares. Thromb Res. 2016;145:93-9.

7. Dinarvand P, Moser KA. Deficiência de Proteína C. Arch Pathol Lab Med. 2019;143(10):1281-5.

8. Dinarvand P, Hassanian SM, Weiler H, Rezaie AR. A administração intraperitoneal da proteína C activada previne a formação da banda de aderência pós-cirúrgica. Sangue. 2015;125(8):1339-48.

9. Liu H, Wang HF, Tang L, Yang Y, Wang QY, Zeng W, et al. Deficiência heterozigótica composta de proteína C numa família com trombose venosa: Identificação e estudo in vitro das mutações p.Asp297His e p.Val420Leu. Gene. 2015;563(1):35-40.

10. Aguila S, Martinez-Martinez I, Dichiara G, Gutierrez-Gallego R, Navarro-Fernandez J, Vicente V, et al. Aumento da eficiência da glicosilação N por geração de uma sequência aromática sobre N135 de antitrombina. PLoS Um. 2014;9(12):e114454.

11. Bauer KA, Nguyen-Cao TM, Spears JB. Questões no diagnóstico e gestão da deficiência de antitrombina hereditária. Ann Pharmacother. 2016;50(9):758-67.

12. Corral J, De la Morena-Barrio ME, Vicente V. A genética do antitrombina. Thromb Res. 2018;169:23-9.

13. Mulder R, Croles FN, Mulder AB, Huntington JA, Meijer K, Lukens MV. Mutações do gene SERPINC1 na deficiência de antitrombina. Br J Haematol. 2017;178(2):279-85.

14. Lam W, Moosavi L. Physiology, Factor V [Online]. 2019 [acedido a 03/09/2019]. Disponível a partir de: https://www.ncbi.nlm.nih.gov/books/NBK544237/

15. Patel K, Fasanya A, Yadam S, Joshi AA, Singh AC, DuMont T. Patogénese e epidemiologia da doença tromboembólica venosa. Critérios de Cuidados de Enfermagem. 2017;40(3):191-200.

16. Favaloro EJ. Testes genéticos para genes relacionados com trombofilia: observações de padrões de teste para o factor V Leiden (G1691A) e o gene "Mutação" da protrombina (G20210A). Semin Thromb Hemost. 2019;45(7):730-42.

17. Dahlback B. Propriedades pró- e anticoagulantes do factor V na patogénese da trombose e das perturbações hemorrágicas. Int J Lab Hematol. 2016;38:4-11.

18. Izuhara M, Shinozawa K, Kitaori T, Katano K, Ozaki Y, Fukutake K, et al. Análise de genotipagem da mutação do factor V Nara, mutação de Hong Kong, e 16 polimorfismos de um único nucleótido, incluindo o haplótipo R2, e o envolvimento da actividade do factor V em doentes com abortos espontâneos recorrentes. Fibrinólise Coagul Sanguínea. 2017;28(4):323-8.

19. Pengo V, Bison E, Banzato A, Zoppellaro G, Jose SP, Denas G. Teste anticoagulante Lupus: tempo de veneno de víbora russell diluído (dRVVT). Métodos Mol Biol. 2017;1646:169-76.

20. Molhoek JE, De Groot PG, Urbanus RT. O paradoxo do lúpus anticoagulante. Semin Thromb Hemost. 2018;44(5):445-52.

21. Joste V, Dragon-Durey MA, Darnige L. Diagnóstico laboratorial da síndrome dos antifosfolípidos: Dos critérios à prática. Rev Med Interne. 2018;39(1):34-41.

22. Tran HA, Gibbs H, Merriman E, Curnow JL, Young L, Bennett A, et al. Novas directrizes da Thrombosis and Haemostasis Society of Australia and New Zealand para o diagnóstico e gestão do tromboembolismo venoso. Med J Aust. 2019;210(5):227-35.

23. Spychalska-Zwolinska M, Zwolinski T, Mieczkowski A, Budzynski J. Thrombophilia diagnóstico: uma análise retrospectiva de uma experiência de um único centro. Fibrinólise coagulante do sangue. 2015;26(6):649-54.

24. Kushner A, West DW, Pillarisetty LS. Tríade Virchow [Online]. 2019 [acedido em 11/11/2019]. Disponível a partir de: https://www.ncbi.nlm.nih.gov/livros/NBK539697/

25. Allain JS, Gueret P, Le Gallou T, Cazalets C, Lescoat A, Jego P. Testes de trombofilia hereditária e o seu impacto terapêutico na doença do tromboembolismo venoso: Resultados de um estudo retrospectivo de um único centro de 162 pacientes. Rev Med Interne. 2016;37(10):661-6.

26. Kwang H, Mou E, Richman I, Kumar A, Berube C, Kaimal R, et al. Testes de trombofilia em regime de internamento: impacto de uma intervenção educativa. BMC Med Informar Decis Mak. 2019;19(1):167-9.

27. Gavva C, Johnson M, De Simone N, Sarode R. Uma auditoria de testes de trombofilia em doentes com AVC isquémico ou ataque isquémico transitório: a futilidade dos testes. J Stroke Cerebrovasc Dis. 2018;27(11):3301-5.

28. Devignes J, Smail-Tabbone M, Herve A, Cagninacci G, Devignes MD, Lecompte T, et al. Persistência prolongada de anticorpos antifosfolípidos para além do intervalo de 12 semanas: associação com títulos de anticorpos antifosfolípidos de base. Int J Lab Hematol. 2019;41(6):726-30.

29. Journaud M, Ferreira-Maldent N, Gruart VG, Maillot F. Avaliação dos testes de anticorpos antifosfolípidos no CHRU de Tours: estudo retrospectivo de um ano. Rev Med Interne. 2017;38:182-3.

30. Yang JY, Chan AK. Trombofilia pediátrica. Pediatr Clin North Am. 2013;60(6):1443-62.

31. Connors JM. Testes de trombofilia e trombose venosa. N Engl J Med. 2017;377(12):1177-87.

32. Ben Salah R, Frikha F, Kaddour N, Saidi N, Snoussi M, Marzouk S, et al. Factor de risco para trombose venosa profunda em medicina interna: Um estudo retrospectivo de 318 casos. Ann Cardiol Angeiol. 2014;63(1):11-6.

33. Koonarat A, Rattarittamrong E, Tantiworawit A, Rattanathammethee T, Hantrakool S, Chai-Adisaksopha C, et al. Características clínicas, factores de risco, e resultados do tromboembolismo venoso habitual e invulgar do local. Fibrinólise coagulante do sangue. 2018;29(1):12-8.

34. Kechida M, Nasr MB, Klii R, Marzouk M, Hammami S, Khochtali I. Trombose por anomalias de trombofilia: quais são as particularidades? Rev Med Interne. 2016;37:150-3.

35. Martinez C, Cohen AT, Bamber L, Rietbrock S. Epidemiologia do primeiro e recorrente tromboembolismo venoso: um estudo de coorte de base populacional em doentes sem cancro activo. Thromb Haemost. 2014;112(2):255-63.

36. Faioni EM, Zighetti ML, Vozzo NP.   Sexo, género e venoso tromboembolismo: será que nos importamos o suficiente? Coagul Fibrinólise Sanguínea. 2018;29(8):663-7.

37. Konin C, Soya E, Yapi B, Monney E, Ekou A, N'djessan JJ, et al. Denominadores comuns entre a trombose venosa e arterial numa população da África subsaariana. J Med Vasc. 2018;43(2):129.

38. Suchon P, Resseguier N, Ibrahim M, Robin A, Venton G, Barthet MC, et al. Factores de risco comuns acrescentam à trombofilia herdada para prever o risco de tromboembolismo venoso nas famílias. Thromb Haemost Open. 2019;3(1):28- 35.

39. Kefi A, Larbi T, Abdallah M, Ouni AE, Bougacha N, Bouslama K, et al. Jovem derrame isquémico na Tunísia: um estudo multicêntrico. Int J Neurosci.

2017;127(4):314-9.

40. Guder WG. História da fase pré-analítica: uma visão pessoal. Biochem Med. 2014;24(1):25-30.

41. Magnette A, Chatelain M, Chatelain B, Ten Cate H, Mullier F. Questões pré-analíticas no laboratório de hemostasia: orientação para os laboratórios clínicos. Thromb J. 2016;14:49-63.

42. Lipets PT, Ataullakhanov FI. Ensaios globais de hemostasia no diagnóstico da hipercoagulação e avaliação do risco de trombose. Thromb J. 2015;13(1):4-18.

43. Lim MY, Moll S. Thrombophilia. Vasc Med. 2015;20(2):193-6.

44. Mateo J, Oliver A, Borrell M, Sala N, Fontcuberta J. Avaliação laboratorial e características clínicas de 2.132 pacientes consecutivos não seleccionados com venousthromboembolismo -resultados do espanhol Estudo Multicêntrico sobre Trombofilia (EMET-Study). Thromb Haemost. 1997;77(3):444-51.

45. Garcia-Horton A, Kovacs MJ, Abdulrehman J, Taylor JE, Sharma S, Lazo-Langner A. Impacto da triagem trombofilia nas práticas de gestão do tromboembolismo venoso. Thromb Res. 2017;149:76-80.

46. Kyrle PA, Eichinger S. Trombose venosa profunda. Lanceta. 2005;365(9465):1163-74.

47. Puhr HC, Eischer L, Sinkovec H, Traby L, Kyrle PA, Eichinger S. Circunstâncias de tromboembolismo venoso recorrente: o estudo austríaco sobre tromboembolismo venoso recorrente. J Thromb Thrombolysis. 2019. Em Press. doi: 10.1007/s11239-019-01965-z.

48. Hentati O, Jaziri F, Skouri W, Bennaser M, Ben AK, Sami T. Perfil topográfico, etiológico e evolutivo de trombose venosa profunda em sujeitos jovens num departamento de medicina interna. Rev Med Interne. 2017;38:115-6.

49. Turan O, Undar B, Gunay T, Akkoclu A. Investigação de trombofilias hereditárias em doentes com embolia pulmonar. Coagul Fibrinólise Sanguínea.

2013;24(2):140-9.

50. Amiral J, Vissac AM, Seghatchian J. Avaliação laboratorial da Resistência da Proteína Activada C/Factor V-Leiden e características de desempenho de um novo ensaio quantitativo. Transfus Apher Sci. 2017;56(6):906-13.

51. Maalej L, Hadjkacem B, Ben Amor I, Smaoui M, Gargouri A, Gargouri J. Prevalência do factor V Leiden nos dadores de sangue do sul da Tunísia. J Thromb Thrombolysis. 2011;32(1):116-9.

52. Zhao JL, Sun YD, Zhang Y, Xu D, Wang Q, Li MT, et al. As manifestações clínicas e os factores de risco trombótico na síndrome antifosfolipídica primária. Zhonghua Nei Ke Za Zhi. 2016;55(5):386-91.

53. Shi H, Teng JL, Sun Y, Wu XY, Hu QY, Liu HL, et al. Características clínicas e resultados laboratoriais de 252 doentes chineses com síndrome antifosfolípida: comparação com a coorte euro-fosfolípida. Clin Rheumatol. 2017;36(3):599-608.

54. Spagnoli V, Diefenbronn M, Merat B, Logeart D, Sideris G, Henry P, et al. Infarto do miocárdio por elevação de ST em adultos jovens: Há interesse no rastreio da trombofilia? Ann Cardiol Angeiol. 2019;68(2):98-106.

55. Carod-Artal FJ, Nunes SV, Portugal D, Silva TV, Vargas AP. Subtipos de AVC isquémicos e trombofilia em doentes brasileiros jovens e idosos com AVC admitidos num hospital de reabilitação. Acidente vascular cerebral. 2005;36(9):2012-4.

56. Khammassi N, Sassi YB, Aloui A, Kort Y, Abdelhedi H, Cherif O. Acidente vascular cerebral isquémico em doentes jovens: cerca de 6 casos. Pan Afr Med J. 2015;22:142-6.

57. Stepien K, Nowak K, Wypasek E, Zalewski J, Undas A. Alta prevalência de trombofilia hereditária e síndrome antifosfolipídica no enfarte do miocárdio com artérias coronárias não-obstrutivas: Comparação com acidente vascular cerebral criptogénico. Int J Cardiol. 2019;290:1-6.

Apêndice 1: Perfil da trombofilia no contexto da trombose venosa

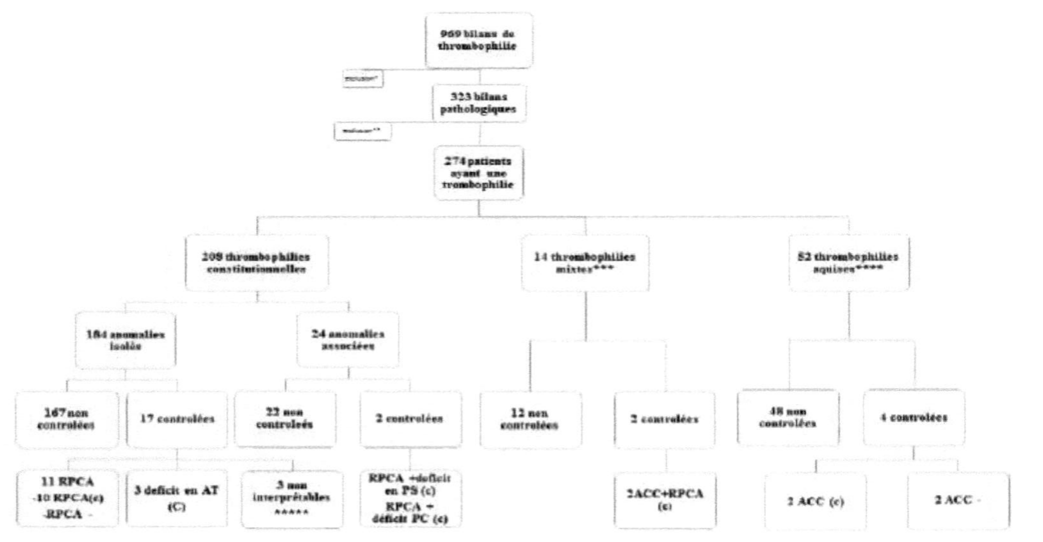

Apêndice 2: Perfil da trombofilia na trombose arterial

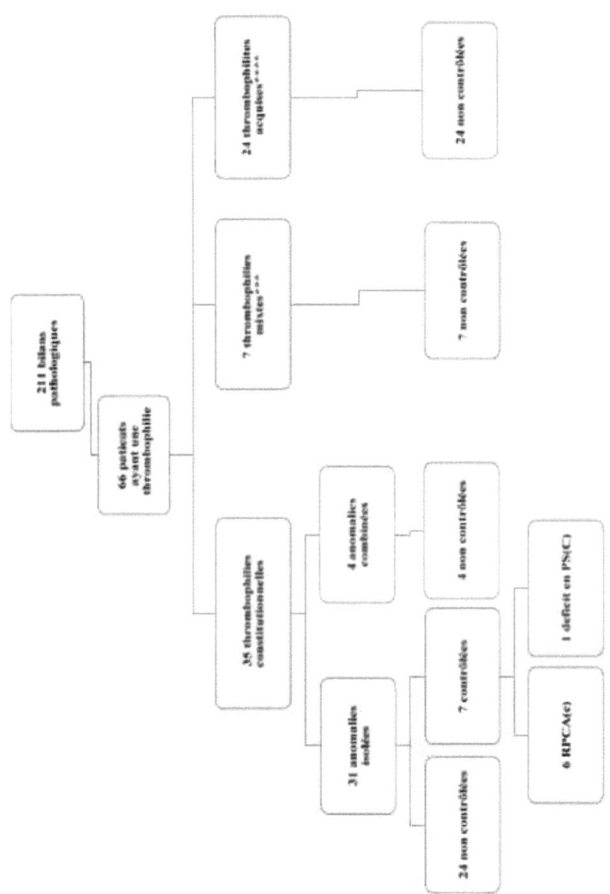

I want morebooks!

Buy your books fast and straightforward online - at one of world's fastest growing online book stores! Environmentally sound due to Print-on-Demand technologies.

Buy your books online at
www.morebooks.shop

Compre os seus livros mais rápido e diretamente na internet, em uma das livrarias on-line com o maior crescimento no mundo! Produção que protege o meio ambiente através das tecnologias de impressão sob demanda.

Compre os seus livros on-line em
www.morebooks.shop

info@omniscriptum.com
www.omniscriptum.com

Printed by Books on Demand GmbH, Norderstedt / Germany